钦州坭兴陶烧制技艺入门

主 编 赵同华 何泓香

吉林大学出版社

·长春·

图书在版编目（CIP）数据

钦州坭兴陶烧制技艺入门 / 赵同华，何泓香主编
. -- 长春 ：吉林大学出版社，2020.8
ISBN 978-7-5692-6854-6

Ⅰ．①钦… Ⅱ．①赵… ②何… Ⅲ．①陶瓷－生产工艺－钦州 Ⅳ．①TQ174.6

中国版本图书馆 CIP 数据核字(2020)第 147668 号

书　　名　钦州坭兴陶烧制技艺入门
　　　　　QINZHOU NIXINGTA0 SHAOZHI JIYI RUMEN

作　　者　赵同华　何泓香　主编
策划编辑　王　蕾
责任编辑　王　蕾
责任校对　单海霞
装帧设计　胡广兴
出版发行　吉林大学出版社
社　　址　长春市人民大街 4059 号
邮政编码　130021
发行电话　0431-89580028/29/21
网　　址　http://www.jlup.com.cn
电子邮箱　jdcbs@jlu.edu.cn
印　　刷　北京荣玉印刷有限公司
开　　本　787 毫米×1092 毫米　1/16
印　　张　6.5
字　　数　100 千字
版　　次　2021 年 7 月　第 1 版
印　　次　2021 年 7 月　第 1 次
书　　号　ISBN 978-7-5692-6854-6
定　　价　45.00 元

前　　言

钦州坭兴陶至今已有1300多年的历史，它有着丰富的历史文化底蕴，保持了鲜明的地域和文化特点，被国家列入非物质文化遗产名录。国家和钦州市政府非常重视坭兴陶产业的复兴和发展，现阶段钦州坭兴陶产业蓬勃发展，需要大量专业技术人才。为了满足坭兴陶产业市场的需求，北部湾职业技术学校（以下简称北职校）开设了民族工艺品制作专业（坭兴陶方向），肩负着为坭兴陶产业培养创新型陶艺技能人才的重任。

为了更好地开展钦州坭兴陶有关课程的教学，北职校民族工艺品制作专业教师在陶艺大师的指导下，根据中职学生的年龄和水平特点，编写了一系列坭兴陶教材，从坭兴陶历史、设计、拉坯成型、装接到雕刻等方面为学生和陶艺爱好者提供了学习坭兴陶技艺的参考和指导。为了更全面、系统地介绍坭兴陶有关技艺，弥补系列教材在这方面的不足，决定编写这本《钦州坭兴陶烧制技艺入门》。

本教材共七个章节，内容包括坭兴陶烧制技艺概述，坭兴陶电窑烧制技艺，坭兴陶电窑的窑变技巧，坭兴陶气窑烧制技艺，坭兴陶柴烧技艺，坭兴陶龙窑烧制技艺等。本教材着重介绍了钦州坭兴陶的常见烧制技艺，让学习者能全面了解坭兴陶常见的各种烧制技法。本教材立足于钦州坭兴陶烧制特点，通过朴实的文字表述、丰富多样的图例分析、清晰明了的步骤示范给学生最直接、最实用的理论和操作指导，使学生通过学习本教材能快速了解和掌握钦州坭兴陶烧制技艺的基础知识和基本技法。

本教材在编写过程中难免存在一些问题，或有不当之处，恳请广大读者及相关专业人士提出宝贵意见。

《钦州坭兴陶烧制技艺入门》编委会

2020年5月

前言

编 委 会

目　录

第一章

坭兴陶烧制技艺概述

第一节　钦州坭兴陶烧制技艺的传承

钦州坭兴陶与宜兴紫砂陶、四川荣昌陶和云南建水陶并称中国四大名陶。钦州坭兴陶已有1300多年的历史，《钦县县志·陶冶》记载道："我钦陶器，谅发明于唐以前，至唐而益精致。"由此可见，钦州坭兴陶烧制工艺起源于唐前，兴盛于清朝咸丰年间。考古发现早在新石器时代，生活在钦州湾沿海一带的古人类便开始采用本地特有的红赭泥制作陶器。几千年来，钦州陶器从粗到精，一脉传承。隋唐以后日益精致，清咸丰年间发展至鼎盛，钦州坭器得以广泛兴用，得名"坭兴陶"。

钦州坭兴陶烧制技艺是广西钦州的特色传统技艺。钦州陶器烧制从隋唐开始，有母鸡坑古窑、潭池岭古窑、缸瓦窑、村龙窑和钦江古龙窑等，钦州陶瓷文化遗址分布如图1-1所示，现今仅存并仍在使用的只有钦江古龙窑。2008年6月，国务院批准钦州坭兴陶烧制技艺为国家级非物质文化遗产。

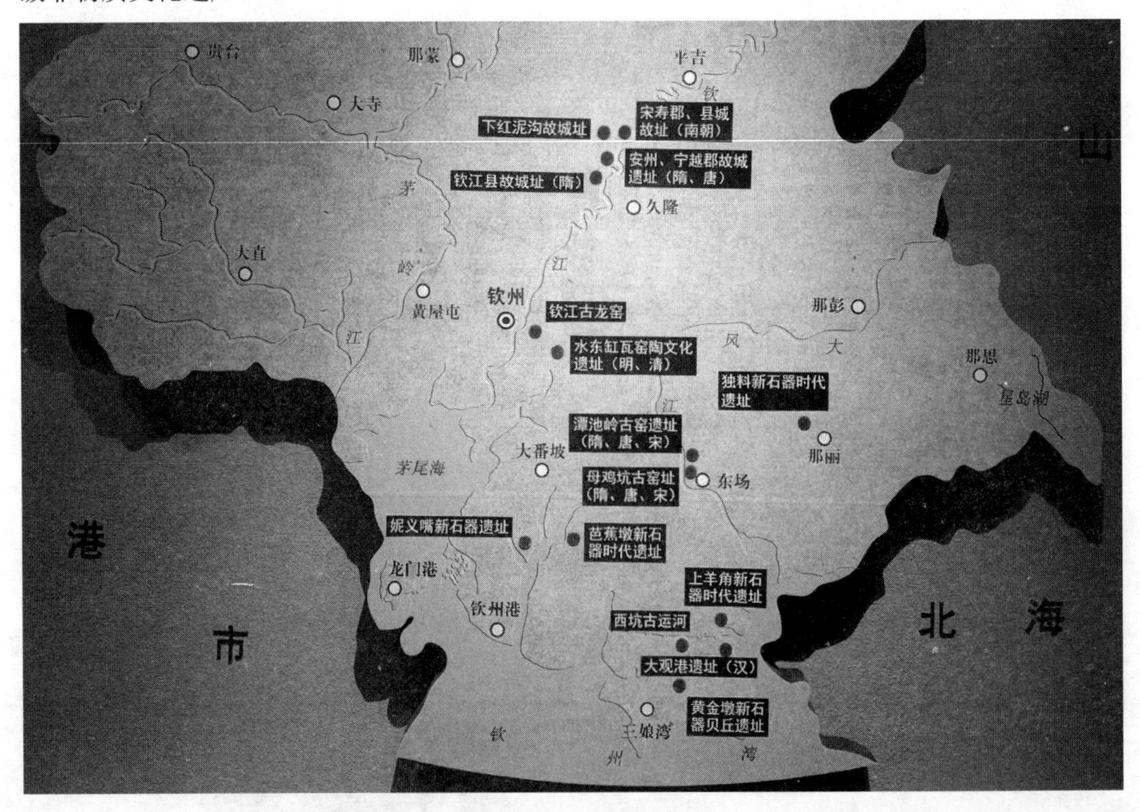

图1-1　钦州陶瓷文化遗址分布图（拍摄于钦州市坭兴陶博物馆）

钦州坭兴陶传统烧制技艺的发展和变迁可分为三个阶段：古龙窑阶段、推板隧道窑阶段、气窑电窑阶段。

传统的坭兴陶烧制是以龙窑为主，钦州古龙窑始建于明洪武四年（公元1371年）前后，600多年间，数易窑址，历经了九座古龙窑的窑火传承。因古龙窑烧制温度较高，所以坭兴陶泥坯全部放入缸瓦陶坯内，加封大盖煅烧，其烧成时间一般为一周左右。古龙窑烧成率很低，其烧制特点是必须装入缸瓦器陶坯内，一起入窑烧制。龙窑烧制的方法主要有两种：纯火法和明火法。

从20世纪70年代开始，钦州坭兴陶工艺厂引进了倒焰窑、推板隧道窑等设备后，坭兴陶的烧制工艺得到了质的提升，同时也大大提高了生产力。这个时期，烧制技艺全面革新，倒焰窑、隧道窑的使用，不仅使传统龙窑烧制坭兴陶形成的窑变特色得到传承，且能生产更为丰富的窑变色。倒焰窑当时主要是为了烧制1.6米以上的高大花瓶而建造的，而隧道窑成为常规烧制坭兴陶的主角。隧道窑采用匣钵套装泥坯，堆叠、推进式烧制，保障了烧成质量。隧道窑这一烧制技术使用了数十年。在钦州市坭兴陶博物馆，可看到坭兴陶烧制技艺几个不同阶段所用窑的照片，如图1-2所示。

图1-2　坭兴陶烧制技艺几个不同阶段所用的窑（拍摄于钦州市坭兴陶博物馆）

21世纪初开始，坭兴陶开始走向复兴的道路。坭兴陶生产得到全面恢复，产业发展进入多元时期，民间坭兴陶企业和工作室成了坭兴陶产业的中坚力量。结合坭兴陶自身特色，同时也学习其他陶瓷的先进生产工艺，坭兴陶的烧制技艺逐步形成了气窑、电窑等多种烧制技艺相结合的形式，产品烧制越来越成熟，生产效率也得到提高。气窑、电窑烧制坭兴陶，陶坯不需采用匣钵，火焰直接接触陶坯，所以比龙窑、隧道窑更科学，更容易控制窑内温度。

在坭兴陶烧制匠人中，许多匠人的烧制技艺将传统坭兴陶的窑变烧制特色传承下来，发扬光大。

赵同华，广西钦州人，中国民间文艺家协会会员，工艺美术师，广西民间工艺美术大师，钦州市坭兴陶工艺美术大师（图 1-3）。原钦州学院（现为北部湾大学）美术专科毕业，清华大学陶瓷艺术设计高级研修班结业，擅长圆雕、浮雕艺术及烧制工艺。先后从事中学美术教育、工艺品设计及坭兴陶创作烧制二十多年，多件作品获省级、国家级大奖，其中《万里河山》获 2014 年“金凤凰”创新产品设计大赛金奖，《禅意心经》获 2017 年“百花杯”中国工艺美术精品奖金奖。参与编写多部坭兴陶教科书，现任广西钦州燕如一陶艺有限公司艺术总监。图 1-4～图 1-6 所示为赵同华作品。

图 1-3　广西民间工艺美术大师赵同华

图 1-4　作品：吹烟　作者：赵同华

图 1-5　作品：印象故乡　作者：赵同华

图 1-6　作品：逐香　作者：赵同华

第二节　北职校坭兴陶烧制技艺的传承

北部湾职业技术学校民族工艺品制作专业（坭兴陶方向）自 2012 年设立以来，从无到有，设备逐渐完善，一步步成为钦州坭兴陶行业人才培养的中坚力量。在专业设立初期，学校便建设烧制窑房（如图 1-7 所示），引进了 1 台中型气窑和 1 台大型电窑，开展烧制技艺培训，展出师生在教学过程中制作的作品（如图 1-8 所示）。

经过多年的建设，目前学校有烧制设备总计 9 台，其中，大型烧制电窑 2 台、中型烧制电窑 2 台、中型气窑 1 台、小型烧制窑 2 台、试验烧制窑 2 台。

图 1-7　北职校坭兴陶烧制窑房

图 1-8　烧制窑房及师生在教学过程中制作的作品

为了传承钦州坭兴陶流传千年的传统龙窑烧制技艺，2015 年，北部湾职业技术学校结合自身的实际情况，参照钦江古龙窑的结构，在校内建设了一个钦江古龙窑的祖孙窑——“安州柴灶”（图 1-9）。

图 1-9　坐落于北职校北端的“安州柴灶”

“安州柴灶”长 18 米，宽 2.6 米，柴灶周边采用青砖叠砌的文化宣传围栏，极具特色，有坭兴陶都文化介绍，有龙窑文化和钦州地域文化介绍（图 1-10）。

2016 年 12 月 12 日是“安州柴灶”首次点火烧制的日子。学校坭兴陶专业的优秀师生代表从钦江古龙窑接来千年传统龙窑烧制的火种，火种在北职校的坭兴陶技艺传承人手中传递，点起“安州柴灶”首次烧制的火焰，钦州坭兴陶的千年古龙窑烧制技艺在“安州柴灶”得以传承，烁烁生辉！

图 1-10　“安州柴灶”全景

第二章

钦州坭兴陶电窑烧制技艺

电窑由铁框架、耐火砖、保温棉、电炉丝、硼板、硅柱构成，采用自动控温器，用热电偶测温。在正面下方开进气孔，正面上方及侧面和顶部开排气孔，窑炉内四周和底部电炉丝按比例间隔排布。电窑的功率从 1500 瓦到 100 千瓦多种，窑炉空间从装一个茶壶到装 2 米左右高的大花瓶不等（图 2-1）。

图 2-1　北职校的电窑

电窑分三段烧制。

第一段为低温排水，温度为室温～600℃。低温排水阶段可设置长时间，把坯体内的水分排干，缓慢均匀升温，可保证产品成功率。

第二段为中温成形阶段，温度为 600℃～900℃，这个时段烧解坯土中有机物和充分排水，使坯体质地坚实，可设置短时间，以节省时间和资源。

第三段为持续氧化和氧化还原段，高温出釉、窑变出彩。温度为 900℃～最终温度，这个时段设置长时间，以保证产品充分氧化。

不同工厂炼制的泥都有不同的最终烧成温度，最终温度如何确认呢？就是要靠大量的实践，每一次烧制做好记录，观察产品的生熟程度，是否有出釉面，是否有过火、起泡、变形等情况，从而决定下一窑最终温度的增减。不同工厂炼制的泥最终烧成温度都不一样，同一个工厂不同批次的泥也会出现不同的最终烧成温度，配方不一样、采矿点不同、陶土所含成分不同都会造成烧成温度的不同。判断是否烧到最终温度要观察产品表面是否出釉面，表面出釉，声音清脆，窑变效果才好，同时养壶很快就可出包浆的效果。现今的坭兴陶最终烧成温度根据窑炉的大小及功率一般在 1000℃～1100℃左右。

第一节　装　　窑

要在窑炉不通电的情况下装窑，确保操作安全。装窑前先检测窑炉的功能是否完善，电炉丝是否完好，自动控温器是否运行正常，电热偶是否正常测温。检查电炉丝时，必须断电，否则会触电，发生安全事故。全新的窑炉先升温到 300℃左右烘两小时，把窑内充分烘干再使用。

装窑前首先检查坭兴陶坯体的好坏，把坯体里外的灰尘扫干净，然后在茶壶盖沿或者茶叶罐盖沿涂上氧化铝粉，起隔离作用，目的是使坯品盖和身在高温时不粘连。

坯品整理好后，整齐摆放在窑里硼板上，硼板要水平放置，坯品之间不能挨着，也不能靠着电炉丝，靠着电炉丝在高温的时候就会起泡或粘连（图 2-2）。每一层四角留有空间放硅柱，然后再放第二层，如此类推放上去。不能触碰到电热偶，电热偶位置发生变动就会导致测温不准确。坯品进窑如图 2-3 所示。

图 2-2　坯品进窑摆放

图 2-3　坯品进窑

第二节 设置升温曲线

窑装好之后，湿的坯品就先烘干，烘坯品温度不超过 200℃，可设置室温～200℃烘 180 分钟。

如果坯品够干是不用烘窑的，可直接烧制，小件坯品烧制时间可以设置短些，大件烧制时间就设置长点。一般中小件坯品的升温曲线如图 2-4 所示，设置如下：室温～300℃，120 分钟；300℃～600℃，180 分钟；600℃～900℃，180 分钟；900℃～最终温度，180 分钟。共 11 小时，根据不同泥料的烧成温度来设置最终温度。

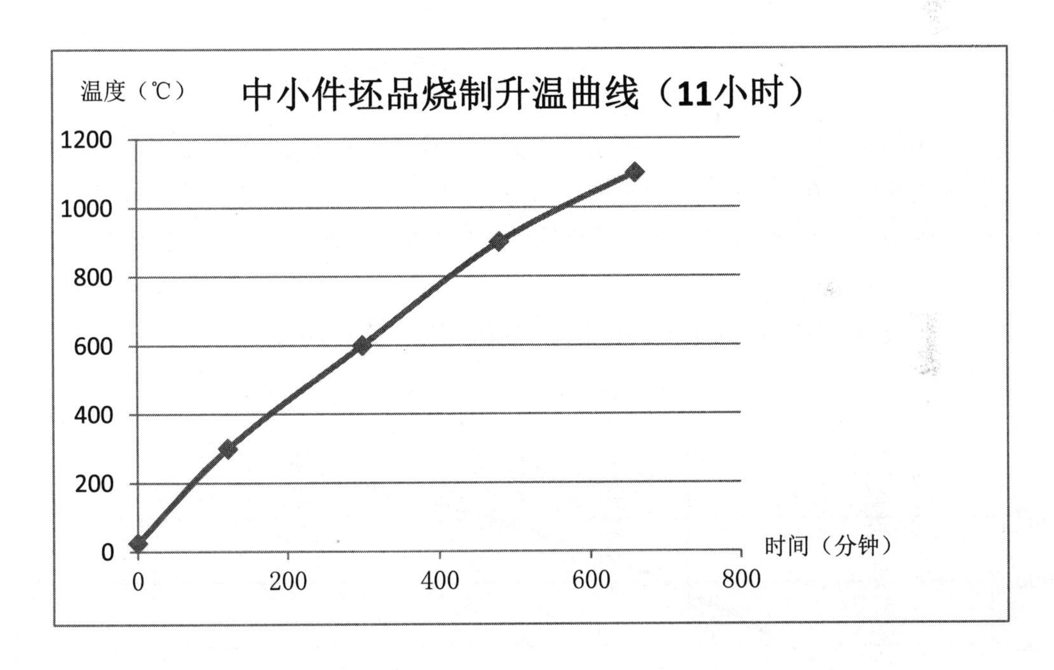

图 2-4 中小件坯品烧制升温曲线（11 小时）

窑炉的空间较小，在 1 立方米以内的可采用时间较短的升温曲线如图 2-5 所示，设置如下：室温～380℃，120 分钟；380℃～800℃，180 分钟；800℃～最终温度，120 分钟。可在 800℃～980℃时设置恒温 40 分钟，以保证产品充分氧化，超过 1000℃产品里有水分也排不出，水分没排完会导致产品表面起泡。

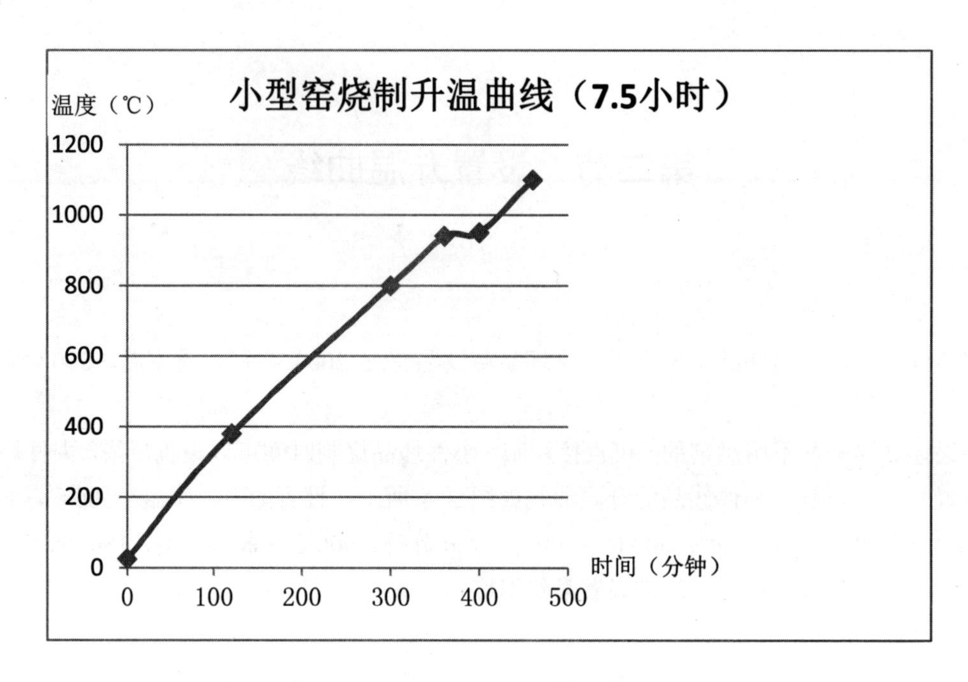

图 2-5　小型窑烧制升温曲线（7.5 小时）

1.5 米以上的大花瓶，因水分大，支撑力不足，升温过快会导致开裂或塌下，烧制温度需要设置长些，用时在 20 小时左右，升温曲线如图 2-6 所示，设置如下：室温～600℃，480 分钟；600℃～900℃，420 分钟；900℃～最终温度，360 分钟。均匀升温可保证烧成率。

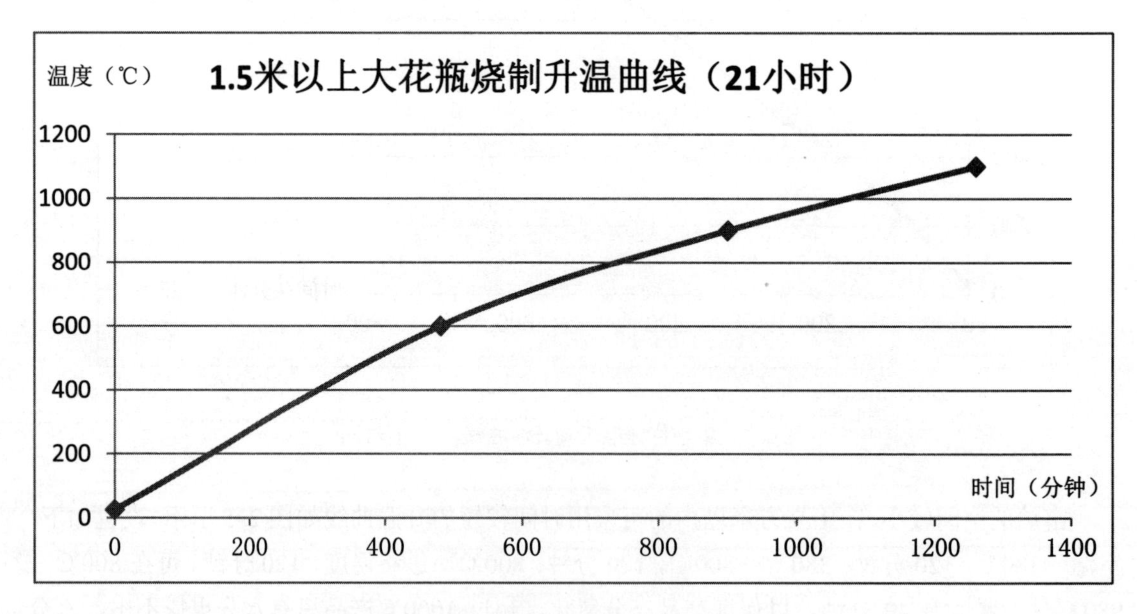

图 2-6　1.5 米以上大花瓶烧制升温曲线（21 小时）

装好窑待烧的大花瓶如图 2-7 所示。

图 2-7　装好窑待烧的大花瓶

以上升温曲线仅供参考，要根据实际情况，根据不同空间的窑炉和不同的产品，在实践中不停地总结以找出更适合的升温曲线。

设置好升温曲线就可以开始自动烧制。升温开始时要打开进气孔和出气孔排水汽，水汽多时可以开窑门排水汽，260℃时要关好窑门，升温达到 600℃时就可把进气孔和排气孔堵上，最终温度达到时自动停火。已烧好未出窑的产品如图 2-8 所示。

烧制时注意用电安全，不可触碰电线和窑炉的连接处，要定时检查自动控温器是否正常运行，经常查看设置温度和实时温度是否一致。为了防止控温器或电热偶故障，到设置温度或设置的时间没停火时要手动停火，否则就会烧过火从而烧坏产品，甚至烧坏窑炉。

图 2-8　已烧好未出窑的产品

第三节　窑变烧制

在高温下，陶土中的氧化镁、氧化钾、氧化钠等成分产生氧化，形成液相互相渗透从而凝固后形成釉面。窑炉内进入氧气会促使釉面产生氧化还原，从而产生颜色变化，即我们所说的窑变。或在最终温度达到停火时，在窑内燃烧植物，产生一氧化碳，致使陶体产生氧化还原，从而产生的颜色变化称之为植物窑变。窑变的颜色取决于陶土所含的成分及氧气和一氧化碳含量的多少以及窑内的温度高低。

具体操作如下：最终温度达到停火后，把各种不同种类的植物材料晒干打碎包成小包，并且称好量，因为投的量要根据窑的空间和出气孔大小及位置的不同而不同，因此每次都要记录量的多少，从而得到需要的窑变效果。材料称好后，把进气孔和排气孔都打开，然后把包好的材料从进气孔投进去，等完全燃烧之后，进气孔堵上，留顶部的排气孔降温。也可直接投木柴、炭等材料。每次投之前记录好量，不同量和不同植物会得到不同的效果，需经过大量的实践才可以大致掌握各种窑变效果的规律。

第四节　降温及出窑

采用自然冷却降温，可开顶上的排气孔降温，但下面的排气孔和侧面排气孔不能打开，因为形成对流或降温过快会使窑里面的产品裂开或产生冷丝。小件产品温度降到 300℃可以开门缝降温，降到 260℃就可以开门取出产品。花瓶类大件产品要到 160℃以下才能开窑门，否则产品就会冷丝或破裂。开窑门时避免被冷风吹到，拿出来也不能直接放到冰冷的地面上，要用东西垫好整齐摆放。

如有烧不太熟的产品可再次装窑复烧，但温度要稍低，因为烧过后再以之前的烧成温度就会过火。如果产品打磨之后沾了水再复烧，就必须低温把水分充分烘干才可以高温烧，否则水汽排不出来，产品表面就会起泡。如有烧得不好看的产品，可打磨表皮之后再复烧，这样烧出来的产品就会很润、很光滑，无须再打磨，并且覆盖了之前打磨的痕迹，从而保留了一种不经打磨加工的、自然的、古朴的味道。烧制好出窑的产品如图 2-9 和图 2-10 所示。

图 2-9　烧制好出窑的产品

图 2-10　作品：和谐壮韵　作者：梁鸿展

还要注意的是窑炉内温度不会很均衡，有些地方温度会较高，有些地方会低，每条窑炉都不太一样，所以每出一窑都要做好总结并记录，哪些位置温度高、哪些位置温度低、哪些位置窑变效果怎样都要记录好，这样在装下一窑时就可以做适当调整。比如，温度高的地方装窑时坯品就要离电炉丝远，或装别的耐高温的泥；反之在温度低的地方就要离电炉丝近点，或装低温的泥。重复实践、不断总结就会出好结果。

第三章

坭兴陶电窑的窑变技巧

窑变颜色种类很多，大致有如下色系：红色、金属色、蓝色、黑色、绿色、土黄色、红黑过渡、黄红过渡、黑黄过渡等等。红色有鲜红、中红、深红，金属色有深浅金属色，蓝色有灰蓝、深蓝，黑色有浅黑、中黑、深黑等等。同时又因不同矿点采集的陶土所含氧化铁的比例不同，烧成深颜色的产品经深度打磨去皮后，可产生深浅不一的古铜色以及铁青、天斑、紫霞、虎纹等自然纹路，以及各色各样的特色窑变。

第一节　植物窑变的原理

烧制达到最终温度停火后，投入植物材料燃烧，会产生不同颜色的变化，因各种植物含有的色素不一样，植物燃烧产生一氧化碳促使陶体内的元素成分产生氧化还原反应，植物的色素通过燃烧便吸附在产品上和釉面融合在一起，从而产生不同的颜色窑变。不同的颜色以及颜色的深浅，是根据投含有不同色素的植物以及不同的量和不同的气流及气流的大小、明火产生的大小从而产生的多种变化，颜色的深浅和量形成正比，颜色深，投的量就多，颜色浅，投的量就少。同时要根据窑炉的空间，以及出气孔的设计及需要何种窑变有选择地投放。

第二节　纯色的窑变技巧

红色：烧到最终温度时，从进气孔投放少量的植物可使产品产生鲜红色。少量植物燃烧产生的一氧化碳对产品颜色能起到提鲜作用。高温时坯体氧化，打开进气孔和出气孔后，空气中的氧气进入窑内，使产品产生氧化还原，促使产品颜色变成中红色，所以中红色不需要投放植物，最终温度达到之后停火即可。深红色也不需要投植物材料，温度达到后，适当延长恒温时间，恒温时间越长，颜色就越深。但恒温时间要掌握好，不能太长，太长也会烧过火。红色窑变如图 3-1 和图 3-2 所示。

图 3-1　黄小阳烧制作品

图 3-2　唐天源烧制作品

金属色：选择接近金属色的植物叶子做材料，比如投茶叶可得金属色。泡过的茶叶晾干，用纸包成包，称好量，最终温度达到时从进气孔投进去。投量的多少决定金属色的深浅，量少就浅，量多就深，如图 3-3 和图 3-4 所示。

图 3-3　罗权烧制作品

图 3-4　罗权烧制作品

蓝色：选择有蓝色素的植物，比如菠萝叶、柠檬叶、杧果叶或松香等等，树叶晒干打碎包成一包，称好量。也是根据量的不同而产生深蓝或灰蓝，如图 3-5 和图 3-6 所示。

图 3-5　唐天源烧制作品

图 3-6　唐天源烧制作品

绿色：松针含有绿色素，投放松针可产生绿色，投放松香也能出绿色，关键是量的把握，量多量少决定颜色深浅。绿色较难出，需经大量实践，也有运气的成分。绿色窑变如图 3-7 和图 3-8 所示。

图 3-7 作品：禅 · 莲 作者：张胜金

图 3-8 罗权烧制作品

黑色：黑色窑变的植物材料就很多，炭、松木都可以产生黑色，只要投足够的量，产生足够的一氧化碳，量越多就越黑，投进材料时可把进、出气孔都堵住。黑色窑变如图 3-9 和图 3-10 所示。

图 3-9　罗权烧制作品

图 3-10　陈梅烧制作品

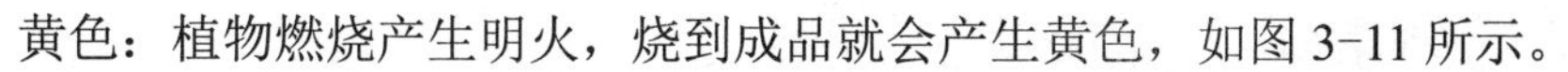

黄色：植物燃烧产生明火，烧到成品就会产生黄色，如图 3-11 所示。

图 3-11　陈梅烧制作品

古铜色：就是把金属色和蓝色等颜色深的产品经深浅度打磨之后可产生深浅古铜色，打磨浅古铜色就浅，颜色会灰点，打磨深古铜色就深，颜色就鲜，如图 3-12 和图 3-13 所示。

图 3-12　作品：锦绣八桂　作者：黄剑

图 3-13　赵同华烧制作品

第三节　进气孔和出气孔的设计

想要达到理想的窑变效果必须要科学地设计进气孔和出气孔。进气孔要装在窑门离第一层10 厘米的位置，这样投进去的材料不至于形成对流快速燃烧掉。可根据常烧的坯品的高度，设置每一层都有一个出气孔用来投料或排气，这样可增加产品窑变的数量，窑炉的侧面也可设置出气孔用来投料和排气。出气孔设置为45°向上斜，这样有利于排气，顶部可在窑顶中间或靠前或靠后边的地方设置出气孔。通过出气孔控制窑内的气流方向，比如只开侧边的孔，其他孔堵住，则气流只向侧边走，有气流走过的地方产品颜色就深，反之就浅，根据气流的大小也会产生深浅不一的色带。具体孔位设置可参考图 3-14～图 3-16。

图 3-14　正面顶部进出气孔

图 3-15　正面进出气孔

图 3-16　侧面出气孔

图 3-14 是能装三层茶壶的小窑炉。第一层的料可从窑门下方第一个孔投进，第二层从门中间的出气孔投进去，第三层从顶部出气孔投进。图 3-15 是能装五层茶壶的大窑炉，窑门及两侧顶部都设置有孔，可根据需要分层投放。

通过出气孔不同的设置，打开或堵上不同的出气孔，控制窑炉内的气流不同的走向，再投不同的植物和不同的量从而达到各种各样的变化效果。

第四节　特色窑变

利用进气孔和出气孔不同的位置设计，在投料过程中通过打开不同的孔位可形成不同的气流，以及投不同的植物和不同的量，可形成以下几种窑变：定位窑变、分层窑变、过渡窑变、五彩窑片、沙梨皮窑变、橘子皮窑变、仿柴烧窑变、落灰窑变、阴阳色窑变等等。

定位窑变：就是把坯体的装饰和烧制结合起来。根据进气孔、出气孔的位置以及气流的流向来调整坯品的位置，比如需要图案那一面产生窑变，就把植物材料投放在图案这一面的位置。比如坯品一面刻一幅山水图，就可以把山水图的背景烧出日出或晚霞的颜色，选择能够产生黄色、红色的植物，如荔枝木或荔枝叶，投放在图案的那一面产生火焰即可，如图 3-17 和图 3-18 所示。

图 3-17　作品：在希望的田野上　作者：赵同华

图 3-18　作品：晚霞　作者：赵同华

分层窑变：选一种颜色较深的窑变材料，比如柠檬叶、菠萝叶、碳等，打开不同的出气孔，以产生不同方向的气流，可稍加助力，让气流增强，根据投放量的多少，以及产生的气流的大小，会产生颜色层次分明的色带，炭打碎并泡水效果会更好，如图 3-19 和图 3-20 所示。

图 3-19　赵同华烧制作品

图 3-20　赵同华烧制作品

过渡窑变：过渡窑变主要是掌握投放量的多少，不能多也不能少，合理设计出气孔，使气流从前边出去，靠近投料的地方颜色就会深，离投料远一点的地方颜色就会浅，这样就会产生过渡颜色的窑变。过渡窑变有如下变化：红黑过渡、黄红过渡、黑黄过渡、绿黄过渡等。黄红、黑黄、黄绿过渡要同时给明火烧到，如图 3-21 和图 3-22 所示。

图 3-21　赵同华烧制作品

图 3-22　罗权烧制作品

红黑过渡如图 3-23 和图 3-24 所示。

图 3-23　庞赋军烧制作品

图 3-24　赵同华烧制作品

过渡的效果如何，关键是要看放的量控制得如何，这需要大量的实践总结。

过渡窑变还有一种通过打磨形成渐变的过渡，比如上部分打磨深一点，下部分打磨浅一点，打磨深的地方颜色就会鲜艳，打磨浅的地方颜色就会灰点，从上至下就会形成一个渐变的过渡效果，如图 3-25 所示。

图 3-25　黄剑作品

五彩窑变：把不同种类、含不同色素的植物混合在一起，打开不同方向的出气孔，产生不同的气流变化，再投放不同的量，当产品在高温下产生釉面时，让不同植物的色素经燃烧分别吸附在产品上并和产品的釉面融合，就会产生深浅不一的五彩窑变。难点在于材料的选择、量的掌握、气流的控制、投放的位置及投放的时机，在陶体充分氧化形成液相互相渗透时为最佳投放时机。五彩窑变较难掌握，出现概率较低，柴窑更容易出五彩的效果，电窑则全凭运气。

五彩窑变如图 3-26 和图 3-27 所示。

图 3-26　罗权烧制作品

图 3-27　罗权烧制作品

沙梨皮、橘子皮窑变：用耐高温的硼板，硼板上铺一层隔离沙，可以防止产品在高温下粘连。产品在烧到极限温度时表皮会起小点，就像沙梨皮，如图 3-28 所示。

图 3-28　罗权烧制作品

橘子皮和沙梨皮相似，达到极限温度靠近电炉丝的地方就会产生橘子皮的效果，如图 3-29 所示。

图 3-29　罗权烧制作品

极限温度要掌握好，不能太过，否则就会烧坏，这需要反复实践才可以掌握。

仿柴烧：装窑时把坯品之间的间隔缩小，最终温度达到时，把植物材料如树叶、木材、碳等在坯品中直接燃烧，在高温下产品上会产生柴火烧过的痕迹，再和釉面融合，就可产生柴烧的效果，如图 3-30 和图 3-31 所示。

图 3-30　作品：疑是银河落九天　作者：赵同华

图 3-31　作品：问佛　作者：谢冬杨

落灰窑变：先将不同植物烧成灰，陶土中的氧化镁、氧化钾、氧化钠等成分产生氧化，形成液相互相渗透时，利用导管或在出气孔将灰洒落在炉内，洒落在坯品上，恒温一小时左右让产品釉面充分溢出，融合落灰就可产生柴烧落灰效果。难点是要掌握陶体中的元素氧化形成液相渗透的时间，需反复实践方可。如图 3-32 所示。

图 3-32　作品：满天星　作者：赵同华

阴阳色窑变：就是坯体给明火烧到一边之后并产生大量一氧化碳，从而形成了两面颜色深浅很分明的变化。如图 3-33 所示。

图 3-33　赵同华烧制

第五节　柴电混合烧制

主要是用电烧和柴烧相结合烧出来的产品。利用小型电窑，一般指窑炉内空间在 0.5 立方米以下的普通电窑，包括实验用马弗炉等，不同的是在电窑的一侧下方开个进柴口。装窑时，空出底部一小层用来投放柴火，先用电烧，在最终温度快要达到时，同时在窑炉内投入耐烧的柴火，比如荔枝木、松木等，让产生的火焰反复在产品上烧炼。柴从下方投入，可把装坯体的硼板钻孔，也可在硼板中间开个大点的方孔，坯品摆放在方孔四周，让火焰从方孔口里一直往上层窜，不要产生太大的烟雾。同时柴电烧制的泥料用耐高温的泥，就是白泥占比例多的泥，白泥可以耐高温并能产生更多的釉面。高温使陶体氧化，而柴火燃烧产生一氧化碳又氧化还原，致使产生的颜色更好地和釉面融合起来。同时明火烧到的面和背火的面会形成两种不同颜色的作品。柴电结合的产品，颜色艳丽、润滑，声音清脆，同时免去长时间的柴火烧制，更环保节能，如图 3-34～图 3-36 所示。

图 3-34　作品：一叶知秋　作者：董焕俊

图 3-35　作品：秦权　作者：董焕俊

图 3-36　作品：南瓜落瓜　作者：董焕俊

第四章

坭兴陶气窑烧制技艺

第一节　气窑结构

气窑是以液化气或城市管道天液气为燃料，采用热电偶测温。窑体结构为钢结构，窑体隔热墙内层是高铝耐火砖，外层是高温硅酸铅纤维，具有良好的保温效果。大空间的窑配有窑车，窑内有轨道，便于装窑、出窑。窑内两侧根据空间大小装多个液化气喷火口，每个喷火口旁边有个排气口直通窑顶部，多个排气口汇聚到窑顶部组成一个大的排气口，也叫烟道，并在烟道顶部做个闸门用以控制烟道口开大、开小。底部一旁做有进气孔用来进氧气，并做有闸门以控制进气孔开大、开小。小的气窑喷火口装在底部，一般是每边装两个，排气孔是在窑内下方通过钢管通到顶部，进气孔在窑底下方。气窑污染少，空间利用率高，操作简便（图 4-1）。

图 4-1　气窑

第二节　气窑装窑

气窑装窑跟电窑装窑一样。小窑从下往上一层一层地装，硼板要与喷火口有点距离，不能让火直喷到坯品。大窑用窑车装窑，窑车用钢做框架，用高铝耐火砖做底，用硼板做架子，坯品整齐摆在硼板上，在有喷火口的地方留出位置不放坯品，以免被火直接喷烧到。装好窑后便可通过轨道把窑车推进窑内（图 4-2）。

图 4-2　气窑窑车

第三节　气窑烧成

烧窑分四段（图 4-3）。

第一段是低温排水，温度是室温至 400℃。通过压力阀调节液化气压力大小和控制烟道闸门及控制进气孔闸门的大小，以此来控制火力的大小。压力调小，烟道闸门和进气孔闸门关小，火力便小。此段火力不可过大，火力过大升温过快，坯品便会裂开或变形。窑门可开缝排水，此段用时 240 分钟。

第二段为分解及氧化阶段，温度 400～900℃。压力调高点，烟道闸门及进气孔闸门都调大，用较猛的火力来烧，这个阶段主要是使坯品中的结晶水排除，使坯体质地坚实，不易破碎，同时使坯体内的有机物碳素硫化物氧化及碳酸盐分解，这段用时 180 分钟。

第三段为持续氧化及氧化还原阶段，温度为 900℃至最终温度。最终温度以不同泥料的烧成温度为准。压力再度调高，烟道闸门及排气孔闸门全打开，以利于窑内有充分的氧气，这一时段火力猛，坯品在高温下持续氧化和分解，并在充足氧气和燃气中的一氧化碳作用下使陶体氧化还原，逐渐形成釉面，这段用时 300 分钟。

第四段为冷却期，采用自然降温冷却。由高温降至窑温出窑，降温时要把烟道闸门和排气孔闸门关闭，以免形成对流，空气过多进入窑内，产品便会裂开。

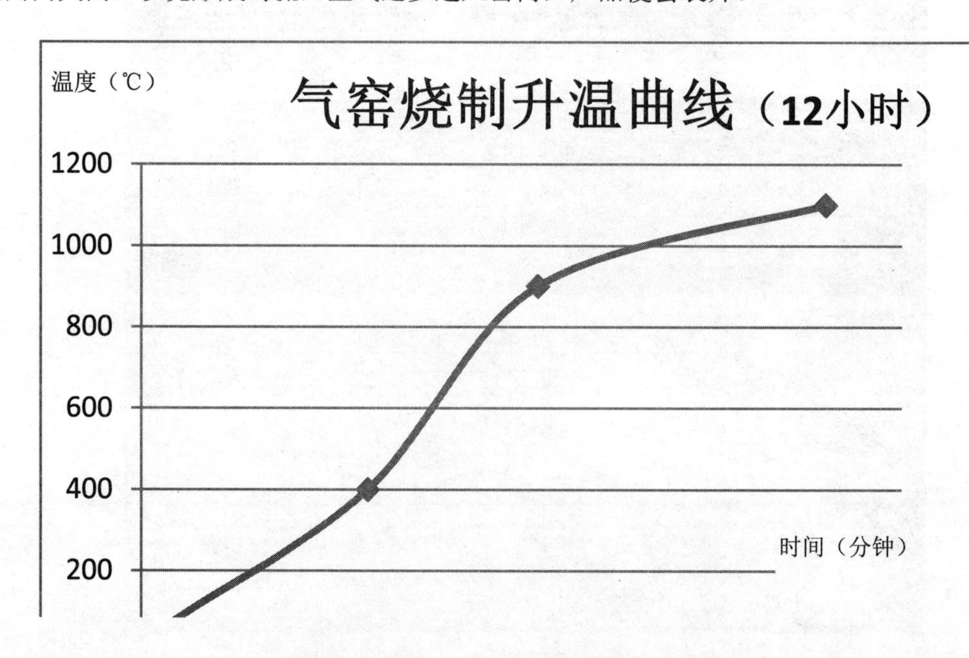

图 4-3　气窑烧制升温曲线（12 小时）

气窑烧制的产品，釉面足，光洁润滑，色泽温暖，无须打磨，如图 4-4 所示。

图 4-4　作品：我的眼里只有你　作者：韦宗南

第五章

坭兴陶柴烧技艺

用窑砖搭建的窑炉内，顶部有烟囱，用木材作燃料，以松木为佳。将坯品经 1200～1300℃高温烧成，柴窑用的泥也是白泥居多，因此柴烧的产品出釉多。传统柴窑污染大，现代柴窑推崇节能环保，大风江古灶就是一种无烟柴烧古灶。结构包括第一窑室、第二窑室、底座、网状炉桥、热电偶和烟囱。设置相互连通的第一窑室和第二窑室，第一窑室作为高温窑室，第二窑室作为低温窑室，第二窑室能够接收第一窑室产生的余热。第一窑室经过 50 小时烧到 1300℃的情况下，第二窑室也能达到 1200℃的窑内温度，充分利用了第一窑室内排放的余烟余热来完成第二窑室内的烧制，巧妙地利用余热并把余烟燃烧完全，以达到接近零排放的功能。相比传统柴窑的排放污染严重问题，更大大减少木柴的烧制及人力物力的产生，更加提升了陶瓷柴烧的效率，节能环保，且能够分别控制温度。

传统柴窑凭经验观测火候，不好控制；现代柴窑用热电偶分段测温，能准确掌握窑内温度，提高烧制成功率。装窑和电窑一样，用硼板一层一层整齐摆放，如图 5-1 所示。

图 5-1　柴窑多层硼板装窑

柴窑烧制分三个时期：柴窑烧制前期、柴窑烧制中期、柴窑烧制后期。

第一节　柴窑烧制（前期）

这是素坯向素烧坯转化的时期，在这个时间段内，水分从坯体中蒸发出来，大量灰烬飘落在陶瓷作品表面上，但是灰烬不会烙融。此时期又分三个阶段，第一阶段（预热）坯体表层中的水分被蒸发出来；第二阶段（烘烤）坯体深层中的水分被蒸发出来；第三阶段（升温）坯体中的化学水分被蒸发出来，二氧化硅发生转化，素坯转变为素烧坯。窑内温度 850℃。

第二节　柴窑烧制（中期）

图 5-2　柴窑烧制（中期）高温烧制

这是高温烧制时期，如图 5-2 所示。灰烬飘落在陶瓷作品的表面上并烙融。烧成气氛会影响到釉面的颜色变化，烧成温度会影响到釉面的肌理效果。进行到第五个烧成阶段后期的时候，开始启用窑炉的侧部投柴式烧窑。此期分为两个阶段：第四阶段（持续升温）进行高温烧成，窑内温度 850～1250℃。第五阶段（保温）持续高温烧成，窑内温度 1150～1250℃。

第三节　柴窑烧制（后期）

这是柴窑烧成的最后时期，包括烧窑结束和降温。最终温度达到时，停止投入柴火，然后采用自然冷却的降温方式结束烧制。采用何种方式降温会直接影响到陶瓷作品的最终釉面颜色以及肌理效果。因为窑密封好，一般要用十天左右时间来降温，降到 60℃以下才能开窑，否则会出现冷撕拉裂。此时期为第六阶段，烧成结束并降温，从 1150～1250℃降至室温出窑。

图 5-3 为廖强、黄富盛师傅在烧制大风江柴窑。

图 5-3　廖强、黄富盛师傅在烧制大风江柴窑

大风江古窑烧制产品如图 5-4～图 5-6 所示。

图 5-4　廖强、黄富盛烧制作品

图 5-5　廖强烧制作品

图 5-6　廖强、黄富盛烧制作品

还有的柴窑以柴荔枝木料为主及其他木材为辅，每窑烧制时间长达三天四夜。利用气流排放，致使火焰在窑内流窜，通过长时间烧制，火焰在坯体上反复烘烧会烙下不同颜色的痕迹。不同木柴燃烧后的灰烬产生落灰还原颜色，以及受火面和背火面产生阴阳变化与火焰痕迹，致使陶瓷作品整体呈现粗犷自然的质感、朴拙敦厚的色泽。

图 5-7 和图 5-8 为陆新凤以柴荔枝木料为主及其他木材为辅烧制的作品。

图 5-7　陆新凤烧制作品

图 5-8　陆新凤烧制作品

在烧制过程中以稀少的还原气氛为主要时间段，还原气氛就是在烧制陶瓷高温时把陶瓷原料中的三氧化二铁还原成氧化亚铁的过程。通过限制氧气流入窑内，使进入窑内的氧气不足，以使柴火产生的一氧化碳和氢气完全燃烧便形成了还原气氛。每个烧制师傅都可以形成自己独特的烧制风格，从而产生独特的烧制作品。图 5-9 为陆新凤师傅在烧制柴窑。

图 5-9　陆新凤师傅在烧制柴窑

第六章

坭兴陶龙窑烧制技艺

我国龙窑最早始于战国时期，以其形状像长龙而得名，用土和陶砖砌成直焰式圆筒形的穹状隧道。龙窑由窑头（火堂）、窑室（窑床）、窑尾（烟囱）三部分组成，利用斜坡高度差，火焰自然上升的原理，充分利用余热。龙窑一般依山坡而建，头下尾上，头为燃室，尾放烟囱，利用地势坡度增强窑室烧成时的抽力，以松木、松枝或山芒为燃料。

钦江古龙窑，始建于明朝洪武四年（1371 年），距今已有六百多年历史，期间数移窑址，共有九条，最后坐落在钦江东岸，子材大桥南面，缸瓦窑村西北（图 6-1）。最初建成时窑身长达 120 多米，后因台风毁坏，拆除重建为现在的窑身长 82 米，脊背处左右两侧开设鳞眼 49 对（烧窑时约 110 多个），帮火眼 1 个，是投放燃料、观察火色的窗口。龙窑头低尾高，龙尾高出龙头水平方向 15°约 10 米左右，窑口火堂设上下两个火口投柴。窑身西侧设窑门四个，东侧两个，供坯品入窑、成品出窑，窑尾设烟囱一个。龙窑上方建有窑棚，棚以砖柱承重，盖瓦顶以防风雨侵袭窑身。钦江古龙窑是国内列入文物保护单位的最长的一座古龙窑，是国家级非物质文化遗产钦州坭兴陶传统烧制技艺场所。

图 6-1 钦江古龙窑

坭兴陶传统烧制技艺源自史前时期，唐已有记载。几千年来宁越陶工，恭奉陶祖宁封子为“窑头公”，世代传承，凡成陶者，师承必行“搂、挥、辘、挑、熘、光”六艺技法，更有历代文仕参与，秉遵师道，博融淘练，不断深化，使其技艺日益精湛。坭兴陶龙窑柴烧技艺源自传统烧制“六艺古法”——熘，是指窑火三浴技法。唯龙窑烧制，燃料当以松木枝叶为上，据陶品设定套装匣钵尺寸及码坯空间。每窑烧制，以三昼夜为期，点火前必祭陶祖、先师。窑师严掌火候，观察鳞眼，持续把控开眼封眼技巧，自头至尾向后赶火，握制其浊、亮、清三火色，进行窑火三炼，造其肌肤，孕浴表里，务使陶品胎体表层形成“窑变”。

龙窑薪柴烧制，分装窑、烧窑和出窑三个过程，每一过程相辅相成、互相制约。由于龙窑窑室较长，温度由前至后略有降低，欲求其前后温差缩小、火度均匀，就必须在装窑时设法调剂适应龙窑构造特点，以调整火焰漏洞的快慢、迂回转折，控制燃烧速度和烧成质量。

第一节　龙窑的装窑

装窑前需清理窑室，清理上窑遗留的碎陶片、砖块，按龙窑的倾斜度铺垫平整河沙，预留好必要的陶砖，排好匣钵备用，节省装窑时间，事半功倍。

龙窑的装窑，要前紧后松，控制火路。要根据泥料的不同和产品烧成要求，有选择性地安排产品位置，一般是按泥料温度前后高低，同一排是表高（顶端）高温、马口（中上部）中温、脚（下部）低温。

在装每一排匣钵时，先计算匣钵所占位置，然后先装一个脚台，俗称兜脚，再将匣钵叠积在上面，匣钵之间沏泥打匣骨，并且保持平衡稳定。两边窑壁平衡，留足火路，以防“犯边风”，左右温差过大和表（匣钵上部）老（烧过度）、脚（匣钵下部）爽。

窑室满窑后，用砖和泥浆封闭窑门和火眼，严防漏气跑失热量。

第二节　龙窑的烧制

龙窑薪柴烧成方法很难机械地区分开来，为了概述烧火过程，一般分为烘窑期、缓火期、热火期、速火攻火期、上眼赶火期等几个阶段。

1．烘窑期

刚开始点火烧窑，属于烘窑阶段，投柴量以维持燃烧为宜，此时投柴后为开口烧火，俗称溜火期，也就是烘烧的意思。把窑内水汽和坯体表面水分烘干，坯品也不会因为窑温的骤升而破裂。此时窑内火色漆黑一片，混浊不清。

2．缓火期

除了窑内水分蒸发，坯体内的水分也开始蒸发，这段时间的温度是非常容易骤升的，投柴间隔时间拉长一点，保持小火缓慢升温。此时窑内的火色是暗红色的，坯体表面呈黑色。

3．热火期

当窑内达到一定温度后，可用松柴封闭投柴口，谓之“闭口烧火”。此后将投柴量增多，待火焰逐渐向后移动，再增加投柴量。烧窑是最讲究技术的，而观火色则是最核心的经验，非长期积累不可得。开始烧火时窑内漆黑一片、混浊不清，待烧到一定温度后慢慢变亮，可看到窑内裸烧产品，此时将帮火眼打开观察火色，达到温度后开始在帮火口投柴。

4．速火攻火期

在帮火口投柴帮火后，逐渐在龙口、帮火口加大松柴投入量，进入速火攻火期。在帮火口随时观察火色，达到高温看清产品通透如玉，炉火纯青后即把龙口、氧气口全部封闭。继续在帮火口加大松柴投入量，燃烧三个小时后，往上打开第一对鳞眼（投柴口），观察上下火色一致时（俗称表脚火焰合适，即为良好）即可封闭帮火口。另外，还可以采用吐痰方法检查，如果痰入窑底立即起泡被烟囱拉走，而且黑点立即消失，重现原来火色，即可封闭帮火口。

5．上眼赶火期

封闭帮火口后，开始在第一对鳞眼投柴，以松枝叶为上，这种燃料可烧出理想窑温和窑变。此时关键是控制窑内表脚温度一致，采取上下烧法，左右平衡对烧，防止“犯边风”，保证窑内火度均匀。再往后打开第二对鳞眼（投柴口），观察火色达到一致时，封闭第一对投柴口，在第二对投柴口投柴，然后依次上移第三、第四等投柴口。每一投柴口耗时约 40 分钟，等到烧完最后一对投柴口停止，封上窑眼，即烧窑结束。图 6-2 为冯传发师傅在烧制龙窑。

图 6-2　冯传发师傅在烧制龙窑

龙窑烧制作品（图 6-3 和图 6-4）。

图 6-3　冯传发烧制作品

图 6-4　冯传发烧制作品

第七章

坭兴陶烧制作品欣赏

本章精选一些坭兴陶烧制的优秀作品，如图 7-1～图 7-48 所示。

图 7-1　作品：牡丹挂碟　作者：李燕

图 7-2　作品：春秋瓶　作者：利成世

图 7-3　作品：春来了　作者：陆景平

图 7-4　作品：大乘无相　作者：伏小树

图 7-5　作品：观音瓶　作者：施国财

图 7-6　作品：仗鼓福音　作者：曾霄令、许其玉、黄晓燕

图 7-7　作品：紫气东来　作者：梁森

图 7-8　作品：紫云飘香　作者：梁森

图 7-9　作品：福上福　作者：许维平

图 7-10　作品：佳音　作者：黄齐茂

图 7-11　作品：喜相连年　作者：黄齐茂

图 7-12　作品：拙光·组杯　作者：何泓香

图 7-13　作品：丝路之舟　作者：董焕俊

图 7-14　作品：荸荠壶　作者：董焕俊

图 7-15　作品：壮鼓　作者：董焕俊

图 7-16　作品：悟禅　作者：董焕俊

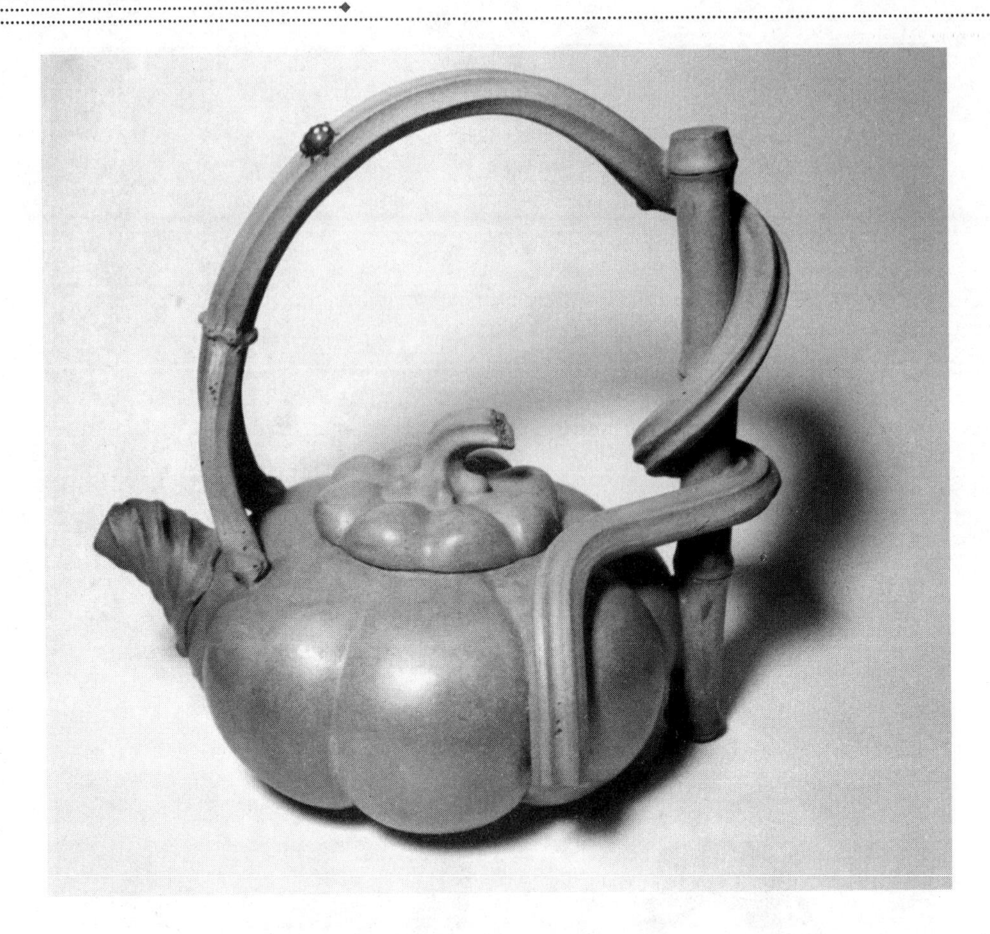

图 7-17　作品：金华秋实　作者：董焕俊

图 7-18　作品：铜鼓韵　作者：李雨芬

图 7-19　作品：黄鹤楼　作者：李雨芬

图 7-20　作品：清风荷影　作者：龙拔标

图 7-21　作品：小桥流水人家　作者：龙拔标

图 7-22　作品：吉庆祥和　作者：梁鸿展

图 7-23　作品：龙凤呈祥　作者：梁鸿展

图 7-24　作品：吉祥三宝　作者：陆新凤

图 7-25　作品：枯荣梦幻　作者：陆新凤

图 7-26　作品：龙胜梯田　作者：黄剑

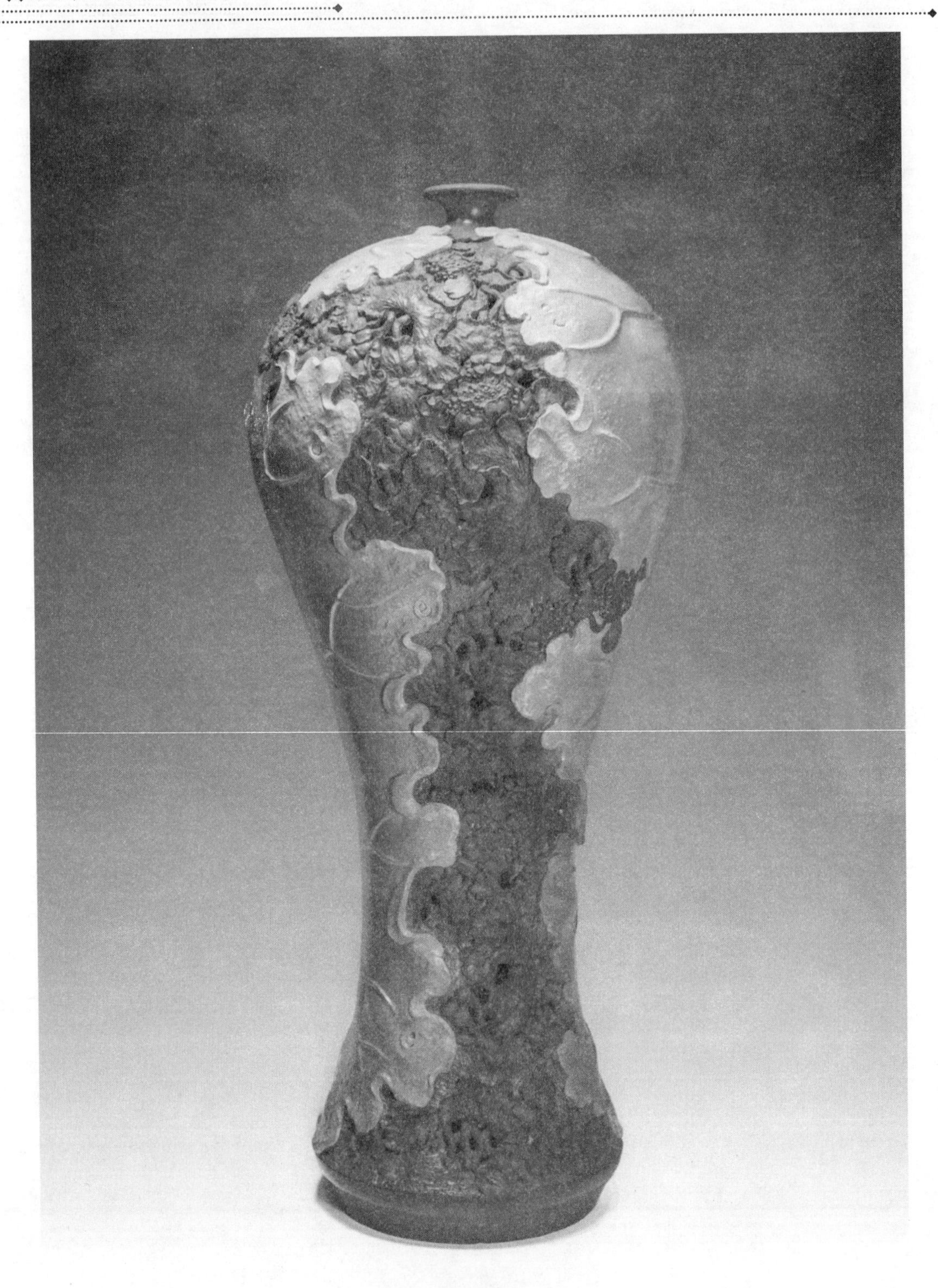

图 7-27　作品：一梦一屏一世界　作者：黄剑

图 7-28　作品：壮乡情　作者：黄剑

图 7-29 作品：起航 作者：黄剑

图 7-30 作品：雅趣 作者：黄剑

图 7-31 名陶柴烧作品 作者：刘辉龙

图 7-32 名陶柴烧作品 作者：刘辉龙

图 7-33　作品：高山流水　作者：叶荣典

图 7-34　作品：秋趣　作者：廖家森

图 7-35　作品：梅桩套组　作者：邓波

图 7-36　作品：北部湾情缘　作者：邓波

图 7-37　作品：紫气东来　作者：邓波

图 7-38　作品：太极乾坤壶　作者：温生全

图 7-39　作品：修行　作者：温生全

图 7-40　作品：双圣挂盘　作者：黄夏洪

图 7-41　作品：和鸣　作者：黄夏洪

图 7-42　作品：龙凤呈祥　作者：黄盈

图 7-43　作品：竹韵壶　作者：黄盈

图 7-44　作品：鱼福　作者：张胜金

图 7-45　作品：幽兰壶　作者：冯晓丹

图 7-46　作品：香炉　作者：冯晓丹

图 7-47　作品：清风雅韵　作者：冯晓丹

图 7-48　作品：松林小憩　作者：冯晓丹